大大小小的动物

［法］朱莉·科隆贝 著
张伟 译

中国友谊出版公司

环尾狐猴和大王乌贼的眼睛一样大。

环尾狐猴是一种只能在马达加斯加岛上见到的狐猴。它的叫声有点像猫咪的呼噜声，所以有了这个名字①。环尾狐猴的体长约43厘米。它们成群活动，群体数量通常在20只左右，由一只雌性环尾狐猴指挥行动。环尾狐猴是一种非常敏捷、擅长交谈的动物，它们白天在地面活动，夜里则会爬到树顶睡觉。它们通常以果实和树叶为食，有时也吃花朵、树皮和小昆虫。在自然界中，猫科动物和爬行动物是环尾狐猴的天敌。

大王乌贼是地球上最大的几种无脊椎动物之一，体长可达20多米……它们长着10条触手，其中有两条带有利齿而且特别长；它们生活在大约300米深的海里。大王乌贼的眼睛很大，直径25—50厘米！

① 环尾狐猴的学名是*lemur catta*，直译为“像猫一样的狐猴”。

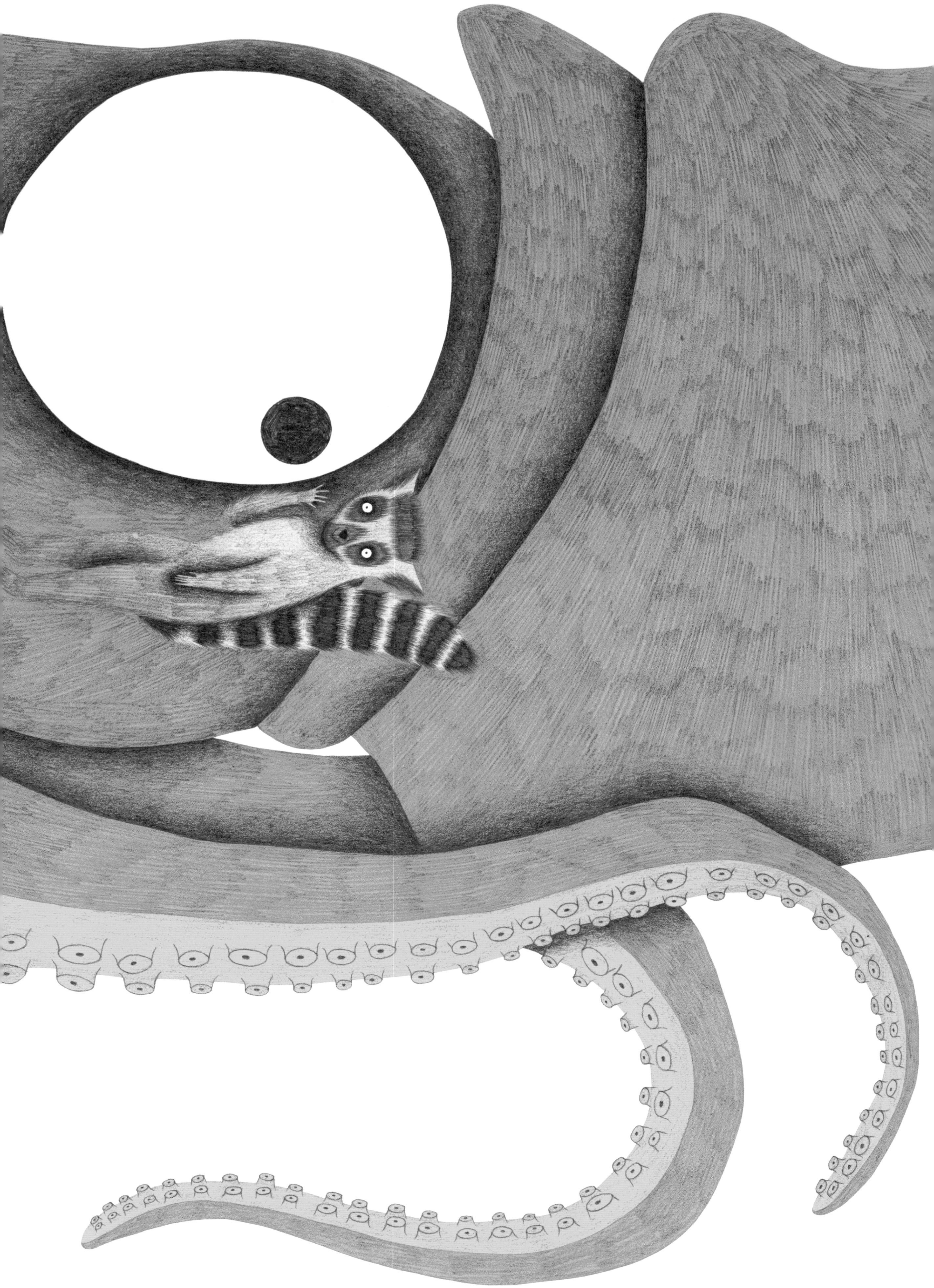

欧洲绿啄木鸟每天要吃掉约2000只蚂蚁，而大食蚁兽每天吞下的蚂蚁是这一数量的15倍。

欧洲绿啄木鸟分布在欧洲，从小树林到果园，从森林的边缘地带到1500米高的山上，都有它们活动的身影。这种鸟儿用喙在树上挖洞筑巢——可以达到30—40厘米深。欧洲绿啄木鸟头部的抗震能力特别强，能够连续啄树干几个小时，头部却丝毫不受撞击的影响。雄性的欧洲绿啄木鸟长着像胡子一样的红色羽毛，周围有黑色羽毛环绕。我们可以依据这个特征区分这种鸟的雌雄。它们通常在树上的巢里栖身，并时不时飞落到地面上找蚂蚁吃。

大食蚁兽是一种食虫类的哺乳动物，分布在中美洲和南美洲的森林里及草原上。它们没有牙齿，但舌头能伸出口外约60厘米，并分泌出黏液来粘住蚂蚁。食蚁兽是“独行侠”，属于可以夜间活动的昼行性动物（即主要在白天活动），能在一个晚上“探查”好几百个蚁穴。雌性食蚁兽每胎生育一个幼崽。出生后，食蚁兽幼崽要攀在妈妈的背上生活1年。

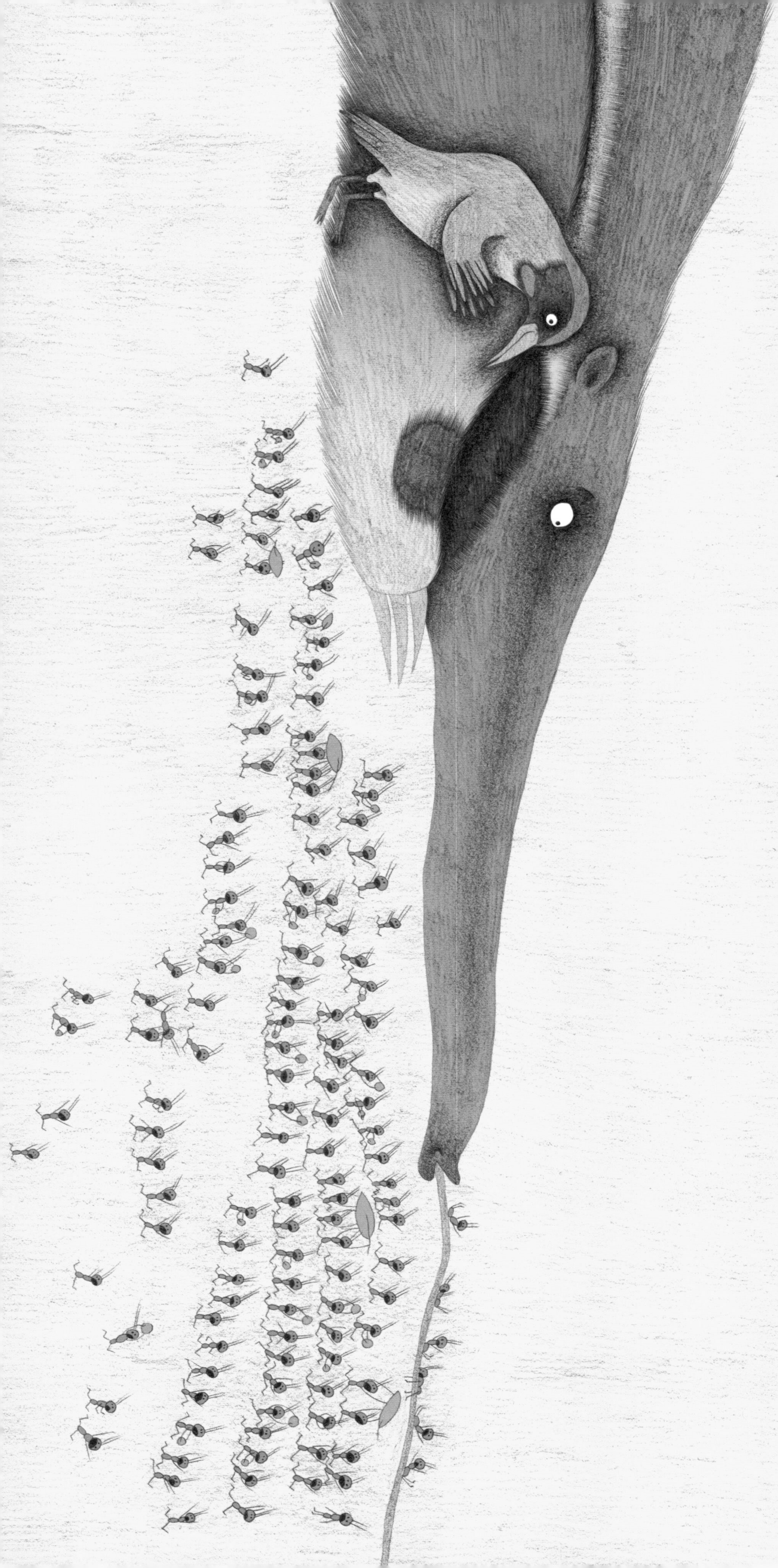

鸵鸟的脖子和火烈鸟的身体一样高。

鸵鸟是体形最大的鸟类，光是脖子就长达1.3米！鸵鸟不会飞，但跑起来比赛马还快，速度可达每小时80千米。尽管鸵鸟的主要食物是植物，但仍属于杂食动物，它们也不需要喝很多的水。鸵鸟在非洲的热带草原和半沙漠地带生活，是鬣狗和狮子的猎物。雄鸵鸟负责孵蛋。鸵鸟蛋非常大，需要2个小时才能煮熟。

火烈鸟是一种大型涉禽[1]，分布于欧洲、非洲、中亚及近东[2]，平均身高约1.3米。火烈鸟鲜艳的颜色和它们的食物有关，它们吃的藻类和甲壳类食物里含有很多橙色的胡萝卜素。火烈鸟在潟湖[3]和盐湖里群居。很多动物是火烈鸟的捕猎者，一些猛禽对它们的鸟蛋和雏鸟虎视眈眈，而狐狸、豺和野猪也是它们的天敌。

① 涉禽，指那些在沼泽和水边生活的鸟类。
② 近东，通常指地中海东部沿岸地区。
③ 潟（xì）湖，指与外海相分离的局部海水水域。

北美豪猪身上尖刺的数量是刺猬身上的5倍。

北美豪猪的分布地带从北美洲南部一直延伸到阿拉斯加。它们行动缓慢，但在树上活动自如，还会游泳。这种肥胖的啮齿动物有很多自我防卫的办法。它先是把牙齿咬得咯咯作响，然后释放出一种极其刺鼻的气味。如果进攻者还是没有被吓退，它们便会使用“终极大招”——竖起身上的尖刺。这些尖刺能指向任意方向。北美豪猪喜欢单独活动，是夜行性的食草动物。可怜的是，北美豪猪和刺猬一样，经常被路上过往的车辆轧到。

刺猬是一种哺乳动物，分布在世界各地。在花园、树丛、篱笆甚至2000米高的高山，都能见到它们的踪迹。这种动物不合群、脾气差，因此单独生活。在遇到危险的时候，刺猬会停下脚步，蜷缩成一团，然后竖起身上的硬刺。它的主要食物是昆虫，有时也吃果实。在冬天来临时，刺猬会冬眠，从体内贮存的脂肪获取能量。刺猬的体长约25厘米，通常在夜间活动，因此经常不幸被往来的车辆轧到。对于这种危险，它们保护自己的手段一点也没有效果。

南极海狗的胡须和奇异鸟、原鸡、灰林鸮的身体一样长。

南极海狗生活在南极的海水中，以磷虾和枪乌贼为食。当潜入深邃黑暗的海底时，它们长长的胡须（35—50厘米长）就替代了眼睛和爪子的功能。海狗们喜爱海风吹拂的海滩，它们整个家族会一起在岩石间安家。雌性海狗的平均寿命比雄性海狗长1倍。一只雄性海狗会和大约30只雌海狗组成一个群体。

奇异鸟是一种生活在新西兰岛的鸟类，它们喜欢在树木繁茂、荆棘丛生和草原丰美的地方活动。奇异鸟的食物是蚯蚓、种子和果实。这种动物在夜间活动，不会飞行。奇异鸟的体长30—60厘米。由于个头较小，奇异鸟很容易被其他动物猎食——老鼠、貂、鼬、猫、猪、狗和负鼠，都是它的天敌。

原鸡是一种原生于东南亚地区的野鸡。它是各类家鸡的野生祖先。从森林里、荆棘丛里、田野里到喜马拉雅山脉海拔1500米的山坡上，都有它们的身影。原鸡分布在印度、中南半岛[1]和中国南部。原鸡的体长41—78厘米，吃种子和昆虫。冬天，雄性原鸡和同伴聚在一起；到了春天，雄性原鸡就会带着一只或多只雌性原鸡到各自的领地单独活动，繁衍生息。

灰林鸮（xiāo）是一种夜行性猛禽，广泛分布在欧亚大陆，在欧洲尤其多见。这种猫头鹰[2]的体长37—43厘米，没有迁徙的习性，有很强的领地意识。灰林鸮在夜间活动，通常捕食啮齿动物。灰林鸮会悄无声息地对准猎物猛扑，然后把猎物整个吞下。大约2小时后，它们会把那些不能消化的东西成团吐出来，里面有皮毛、骨头、甲壳或刺。灰林鸮的幼鸟是赤狐最喜欢的美食。

① 中南半岛，位于亚洲南部的半岛，大致包括越南、柬埔寨、老挝、缅甸、泰国5国，以及马来西亚的西部、中国云南的南部。
② 灰林鸮是一种猫头鹰。

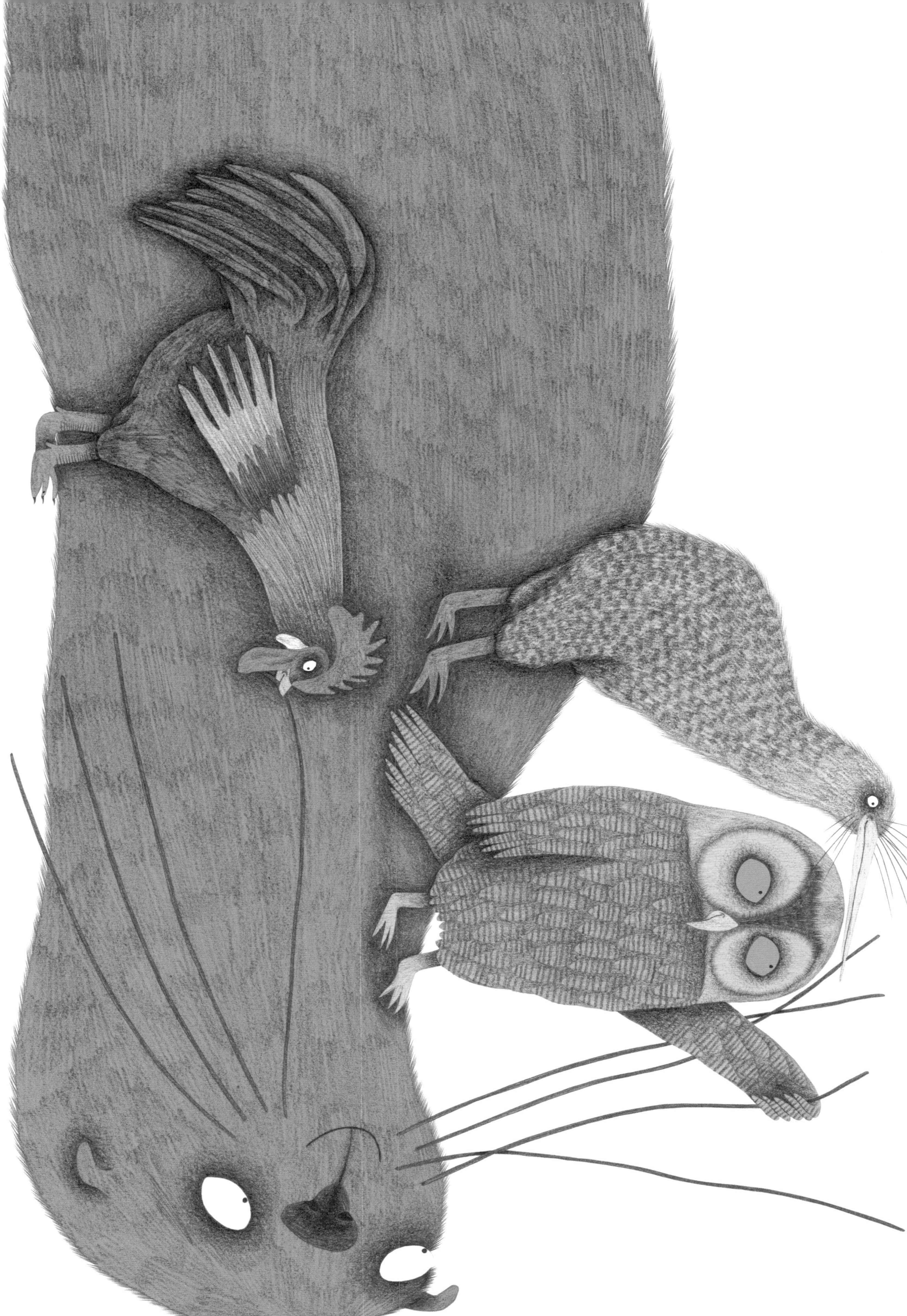

长鼻猴的鼻子和鼯鼠的身体一样长。

长鼻猴是亚洲体形最大的猴类之一。它在加里曼丹岛[1]的海岸地区生活。雄性长鼻猴的鼻子很长（长达17厘米），极易辨认；它的长鼻子耷拉着，吃东西时，鼻子也跟着抖动。不过，雌性长鼻猴的鼻子短得多，并向上翘起。长鼻猴是植食性动物[2]，以树叶、果实和种子为食。这种哺乳动物的社会性很强，白天会成群活动，总是10—20只群居在一起。

长鼻猴的手和脚都长有蹼，是出色的游泳健将。长鼻猴的尾巴还有抓握能力，所以它们能用尾巴抓住树枝，倒挂在树上。

① 加里曼丹岛，又称婆罗洲，位于亚洲东南部，是世界第三大岛。
② 植食性动物，指主要以植物为食的动物，包括食草动物、食果动物、食谷动物等。

鼯（wú）鼠也称飞鼠，分布在芬兰、俄罗斯、日本和朝鲜半岛的森林里。这种啮齿动物的前肢和后肢之间有一片宽大而多毛的“飞膜”，能让它们滑翔10—50米。它们毛发浓密的大尾巴可以像舵一样控制方向。鼯鼠的体长13—20厘米。它们以植物的花朵、果实、嫩芽或动物的蛋为食。

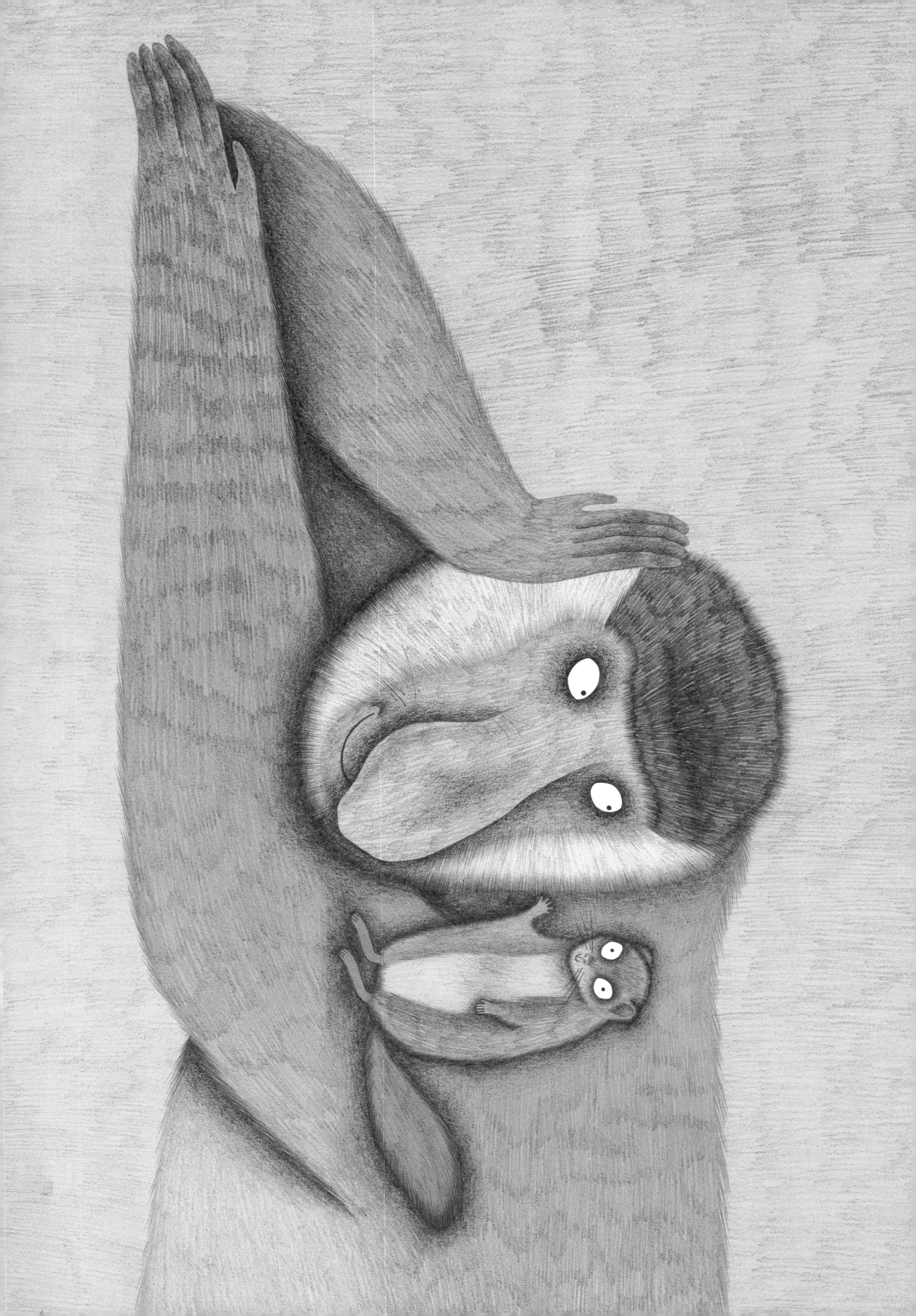

8只棕熊的体长加在一起等于1只大王乌贼的体长。

棕熊是一种单独行动的哺乳动物，广泛分布在山地、平原的森林里。灰熊、科迪亚克岛棕熊[1]和墨西哥灰熊是棕熊在北美洲地区的亚种；除此之外，棕熊在俄罗斯、斯堪的纳维亚半岛和加拿大也有分布。棕熊是杂食性动物，为了过冬，它们会在夏季储存约200千克的脂肪。它们并不会真正地冬眠，但是在冬天确实很少活动。在其他季节，为了寻找食物，棕熊每天会走约40千米，速度最快可以达到每小时50千米。成年雄性棕熊的体长可达3米。雌性棕熊一生可以生育6—8头幼崽。幼熊出生时的重量只有500克左右。

① 科迪亚克岛棕熊，因其栖息地科迪亚克岛而得名。该岛位于阿拉斯加湾，是美国阿拉斯加州第一大岛。

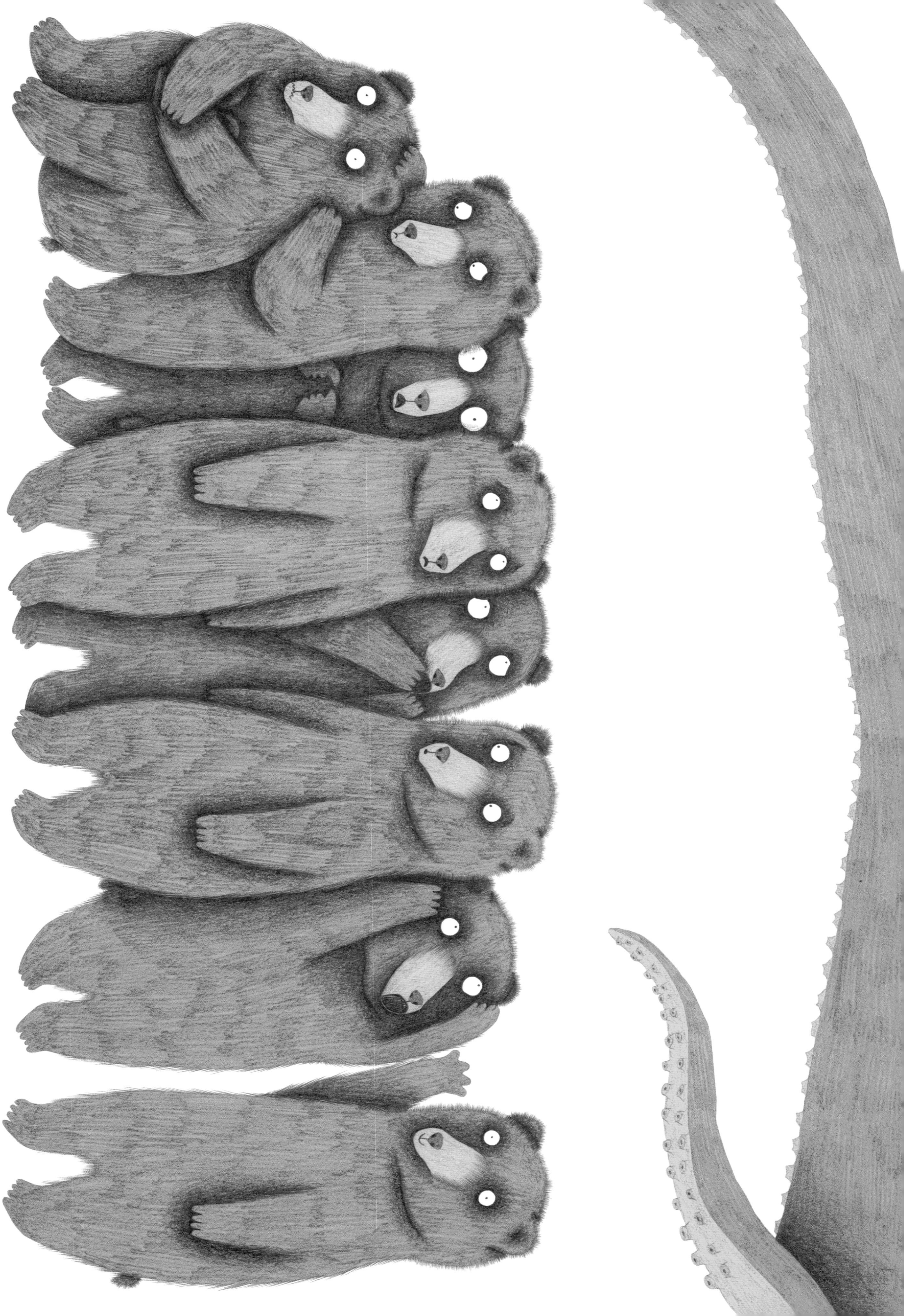

蜂鸟、花栗鼠和眼镜猴的身体一样大。

在会飞的脊椎动物中，**蜂鸟**是体形最小的，体长只有5—22厘米！蜂鸟的种类有300多种，最轻的仅有2克。蜂鸟广泛分布在广阔的美洲地区，从阿拉斯加州到墨西哥，再到南美洲，就连海拔5000米的地区都有它们的身影。蜂鸟是唯一能够在飞行中保持不动或后退的鸟，这个能力在它们采集主要食物花蜜时非常有用。夜间，蜂鸟会进入“休眠”状态来保存体力。蜂鸟不会迁徙。它们需要对小型猫科动物、蛇类和猛禽保持警觉。

花栗鼠广泛分布在亚洲北部，常在俄罗斯中部、中国和朝鲜半岛出没。它们生活在荆棘丛生的树林中。这种小松鼠喜欢独来独往，好奇心强，行动敏捷，只在白天活动。它们善于攀爬，但是大部分时间在地面上。它们的体长12—17厘米，主要的食物是种子。另外，由于从10月到来年4月是花栗鼠冬眠的时间，所以，它们还需要准备过冬的粮食。它们用大大的颊囊[①]来装采到的食物，然后把食物运到自己的窝里藏好。

眼镜猴是一种极小的灵长类动物，它们的体长9—20厘米，分布于东南亚的林间。只有少数几种灵长类动物在夜间活动，眼镜猴就是其中的一种。黄昏时分，它们清理完身体后，就外出狩猎了。它们以昆虫、小型蜥蜴和果实为食物。眼镜猴的眼睛比它的大脑还大，而且头部可以180度转动。眼镜猴在树枝上生活，跳起来高达3米。但是它们不会走路——在地面时，眼镜猴的移动方式是小幅度跳跃。当鸟类、蛇类、大型蜥蜴等捕食性动物靠近时，眼镜猴会发出捕食者听不到的超声波，来提醒同伴注意。

① 颊（jiá）囊，仓鼠等啮齿动物或猿猴等灵长动物口腔内两侧的囊状构造，用来暂时贮存食物。

倭狨和鸵鸟的蛋一样大，但是重量只有鸵鸟蛋的1/12。

倭狨（wōróng）分布在南美洲的雨林中，成对或整个家族一起成群生活。它们是那样娇小（体长约15厘米）、轻巧（体重约120克），甚至不会压弯植物的枝条。倭狨吃花蜜、果实和昆虫，但它们特别喜欢把树皮刮开，吸食里面的树汁。这种小巧的灵长类动物可以跳4米高，在遇到猛禽等危险的情况时，则会全速逃离。倭狨还有一个本领，就是像树懒一样缓缓移动，让自己不被发现。

2只大食蚁兽的身高加起来等于1只羊驼的肩部高度。

羊驼是一种生活在南美洲山区的动物。它们非常讨厌高温，所以大多在高原地带生活。羊驼的蹄子非常适合在陡峭多岩的山坡上行走。羊驼的肩部高度[①]约1.2米。它们成群结队一起生活，性情温驯，很好饲养。但有时它们也会显示出执拗的一面，向对方喷吐口水；在保护自己的领地时，会显得特别好斗。羊驼是植食性动物，也是郊狼或美洲狮的猎物。

① 肩部高度，指的是从肩膀的顶端到地面的距离。对于某些四足动物，可以用“肩高”来度量它们的体形。

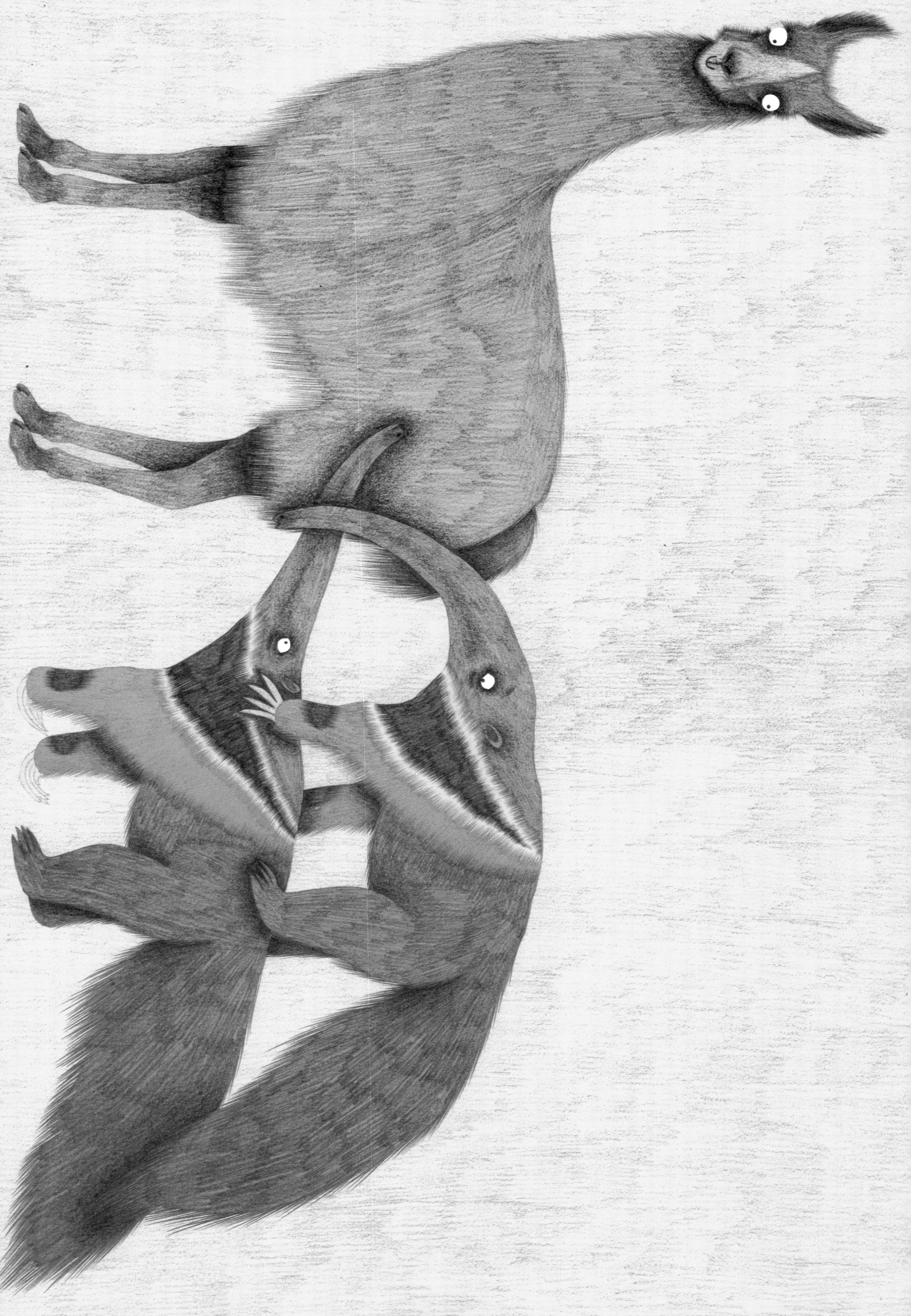

海獭身上的皮毛比毛丝鼠浓密8倍。

海獭（tǎ）分布在北太平洋海域。不同于其他海生哺乳动物靠厚厚的脂肪层抵御寒冷，海獭用浓密的毛发作为抗寒的武器。它们会花大半天时间梳理自己的毛发，之后才开始觅食。海獭喜欢吃墨鱼、小螃蟹和海胆。吃了海胆后，海獭的牙齿会被染成紫色。海獭喜欢仰在水面上，在肚皮上放一块石头，然后在上面敲开贝壳。

毛丝鼠是一种小型啮齿动物，分布在秘鲁境内的安第斯山脉。毛丝鼠是一种非常“宅”的动物，只会在清晨或傍晚出门觅食。它们会尽可能多地把草料带回家，放到阳光下晾干，再储存起来用来过冬。毛丝鼠的皮毛十分柔软、密实，它们会花大量的时间梳理皮毛（它们也会在沙子里打滚，去除毛上多余的油脂）。

毛丝鼠的天敌是小型食肉类动物和爬行动物。19世纪时，人类为了得到毛丝鼠的毛皮，差点儿把它们捕杀到绝迹。

1头棕熊和4头摩弗伦羊叠在一起的高度一样。

摩弗伦羊是一种生活在地中海地区的野生绵羊。它们的肩部高度只有约75厘米，是欧亚大陆野生绵羊中体形最小的一种。

摩弗伦羊喂养起来并不困难；它们吃各种各样的植物，也喜欢吃盐。这种羊是群居动物，一般是母系群落，由母羊带着新出生的羊羔和前一年出生的小羊一起活动。

抹香鲸的头和3头大象加起来一样重。

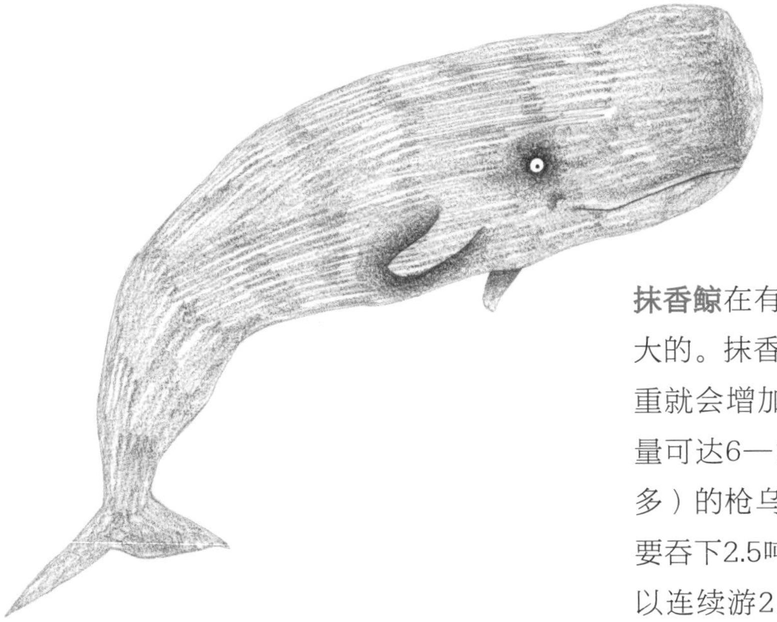

抹香鲸在有牙齿的海洋哺乳动物里是体形最大的。抹香鲸在出生时就有1吨重，1周后体重就会增加1倍。成年时，抹香鲸头部的重量可达6—16吨。它们吃大大小小（大型居多）的枪乌贼，也吃章鱼和海豹。它们每天要吞下2.5吨的食物。抹香鲸游泳的时候，可以连续游2小时而不用呼吸；它们也能潜入2000多米深的海底。由于体形巨大，它在自然界中可以说没有天敌，但年幼的抹香鲸有时候会被虎鲸攻击。

非洲象是陆地上体形最大的哺乳动物。它们吃树叶、果实、树皮和树根，每天需要吃掉100多千克的食物。大象每天只睡4—5个小时。由于身体太重了，如果躺下睡觉可能会把心脏和肺部压坏，所以好多大象是站着睡觉的。非洲象体重约2.5—6吨。

它们是群居动物，在热带草原上或森林里靠近水源的地方一家子一起生活。白天最热的时候，非洲象会泡在水里几个小时，让自己凉快一些。大象用长长的鼻子搬运东西、扯断树枝、把食物送进嘴里。它们的寿命能达到60岁。

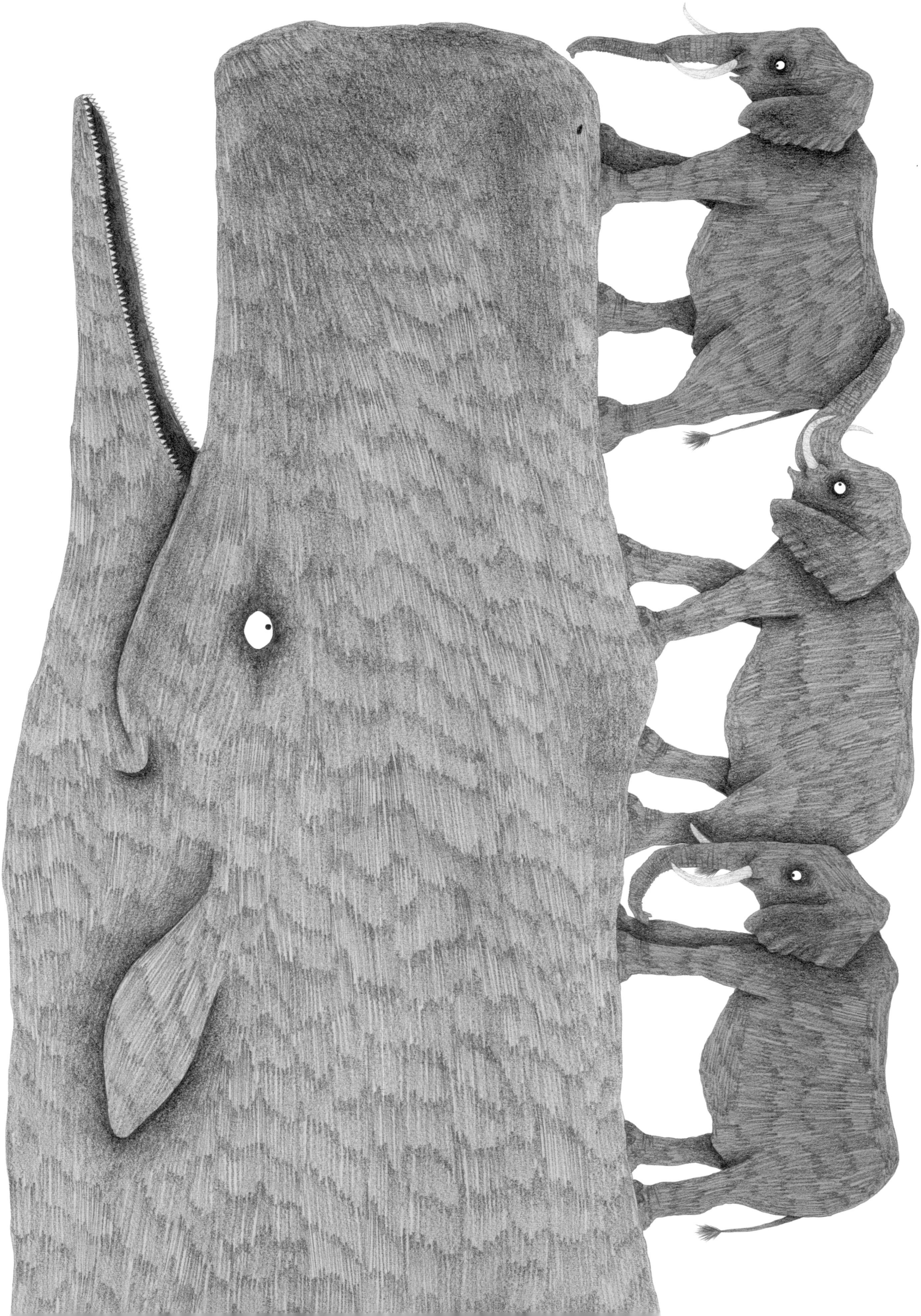

树懒的移动速度比加拉帕戈斯象龟慢1倍。

三趾树懒生活在中美洲和南美洲的热带森林里。这种哺乳动物在一天中的大部分时间里都用四肢悬挂在树上，所以身上的毛是逆着生长的。它们粗糙的毛发里布满微型藻类，所以看起来是暗绿色的；它们的毛发有时也会吸引蝴蝶和其他小昆虫。其毛发散发出植物的气味，这让它在森林里不易被发现，起到防身的作用。

树懒每小时移动约200米。它们每天睡大约18个小时，只会在大小便时才到地面上来。它们的消化系统也运行得极其缓慢，10天左右才会排泄一次。树懒是猛禽、蟒蛇和美洲豹的猎物。

加拉帕戈斯象龟是一种独居的陆龟，只分布在加拉帕戈斯群岛。这种象龟每小时移动400米，在白天活动，寿命可达150年。它们吃果实和植物，由于没有牙齿，只能用锋利的嘴巴边缘把食物撕碎。加拉帕戈斯象龟可以一次性喝很多的水，然后很久都不用再喝水。它们也喜欢在泥坑里睡觉，能连续16个小时泡在里面。

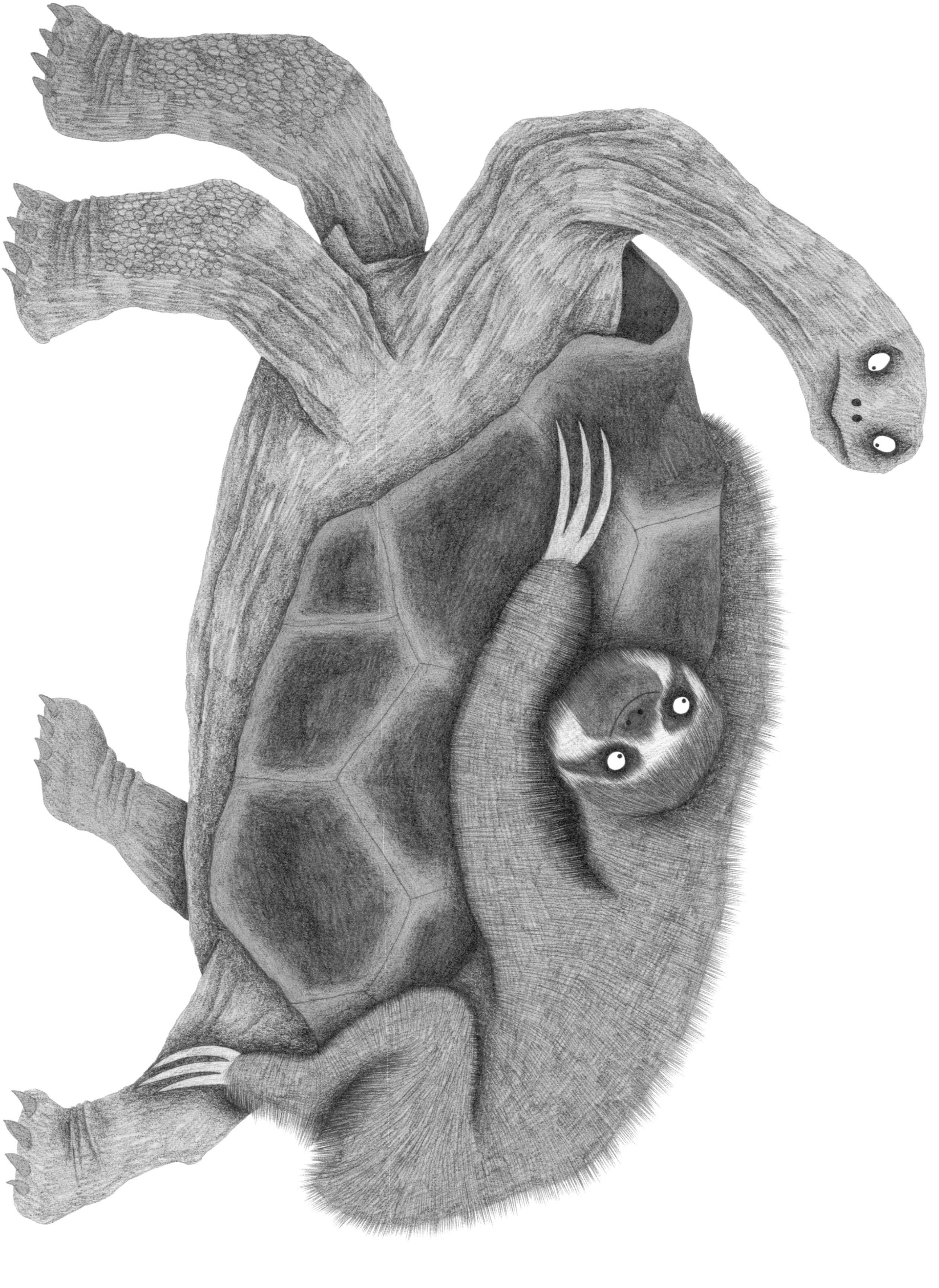

吸血蝙蝠和尖嘴地雀都以血液为食。

吸血蝙蝠是一种小型哺乳动物，广泛分布在拉丁美洲，喜欢温度不低于10°C的地方。它们生活在荆棘丛生、树木茂密的地方，20—100只为一群，成群地活动。这种动物住在阴暗的洞穴里，夜间外出捕食。由于它们鼻子周围的区域有探测温度的功能，所以能够在夜间毫不费力地定位猎物。这种吸血蝙蝠通常吸食牲畜的血液，如果60个小时内不进食，就有可能饿死。有时候，无血可吸的蝙蝠也会乞求它的同伴吐出一点血，来给自己果腹。

尖嘴地雀又名“吸血雀”，是雀形目鸣禽亚目的鸟类，分布在加拉帕格斯群岛干燥的荆棘地带。它们会叮啄大型海鸟的羽毛根部，然后吸食海鸟流出的血液。尖嘴地雀喙部的颜色会随着生命周期的变化而发生变化——先是由黑色变为棕橘色，然后再变为橘黄色。

刺猬、白鼬、皇柽柳猴的体长和苏格兰梗犬的肩部高度一样。

白鼬分布在欧洲、亚洲和北美洲的山间。这种小型哺乳动物的警觉性特别高，会爬树、奔跑和游泳。白鼬夜间出去捕食，找寻小型啮齿动物、鸟类或青蛙作为食物。白鼬的体长为20—33厘米，四肢短小。当它们对周围环境感到好奇的时候，会用后肢站立。白鼬的一个特殊能力是能根据一年中季节的变化改变毛发的颜色——夏季是褐色，冬季是白色。但是，它们的尾巴尖永远是黑色的。

皇柽（chēng）柳猴生活在南美洲热带雨林里靠近水源的地方。这种在白天活动的哺乳动物喜爱玩耍，非常活泼好动。它们天生有白色的大胡子，很容易辨认。它们的体长约25厘米，3—10只皇柽柳猴组成一个小群体，以花蜜、树汁、果实和昆虫为食。小型的猫科动物、猛禽和蛇类是皇柽柳猴的天敌。

苏格兰梗犬是一种对主人非常忠实的狗，原产于苏格兰，寿命可以超过10年。苏格兰梗犬勇敢、不太有攻击性，但是个性极强——对陌生人态度冷淡。它们的肩高约25厘米。

旅鼠在1年里
可以繁育出好几百只后代。

旅鼠是一种生活在北极冻土地带的小型啮齿动物，在挪威、瑞典、芬兰和俄罗斯可以看到它们的身影。旅鼠夜间出来活动，以植物的嫩芽、浆果和昆虫为食。它们在白雪覆盖的地里挖洞避寒。旅鼠的繁殖能力极强——每隔几年，它们的数量就会增长到一个巨大的数字。

这时候，旅鼠就会陷入一种因为害怕找不到足够的食物而产生的集体性恐慌。有人目击过旅鼠队伍的大迁移——成百上千只旅鼠组成许多小队一起搬家，它们漫无目的，只是惊慌失措地前进。最后，这种疯狂的奔跑通常会以集体坠亡或溺水告终。

疣猪和狐獴，就像牛椋鸟和水牛、埃及鸻和尼罗河鳄一样，一起相伴生活。

疣（yóu）猪是一种生活在非洲撒哈拉沙漠以南地带的哺乳动物。这种野猪不太挑食，喜欢吃果实、草、树根和树皮。它们结成小队，在热带草原和干旱的山间活动。疣猪栖身在天然洞穴或土豚（又叫“非洲食蚁兽”）的洞穴里。

狐獴（méng）是一种群居动物，约30只聚成一群活动。在这个群体中，每位成员都有责任照料最年幼和最年长的成员。狐獴在白天活动，寻找小型的脊椎动物、蛇类作为食物，甚至会吃疣猪粗糙的皮毛里的昆虫和寄生虫！夜晚，狐獴会回到它的巢穴里（常常是废弃的白蚁穴）。它们分布在非洲中部和东部。

黄嘴牛椋（liáng）**鸟**是生活在非洲东部的一种鸣禽亚目鸟类。这种鸟儿一生中的大部分时间都生活在水牛的背上，啄食水牛身上的寄生虫——虱子和苍蝇。

水牛是一种反刍[1]哺乳动物，在热带草原、平原和亚洲、非洲的湿润草地都能见到它们的身影。这种动物体格健壮，体形庞大，双角长达1.5米，因此大自然中几乎没有动物是它们的天敌——水牛甚至能够杀死狮子。尽管如此，水牛却是群居动物，它们几十只甚至上百只一起成群活动。水牛每天花8个小时进食，吃禾草和树叶。

埃及鸻（héng）生活在非洲撒哈拉沙漠以南的潮湿地带、河岸和水源附近。这种鸟类曾经广泛分布在尼罗河的沿岸——这也正是它名字的由来。但是很多年前，它们在尼罗河两岸绝迹了。埃及鸻的食物种类繁多，吃昆虫、贝壳类和蜥蜴，还喜欢钻进鳄鱼的嘴里，享用它们牙缝间的食物残渣。埃及鸻和鳄鱼这种大型爬行动物近距离生活，对它们自身和它们的鸟蛋、雏鸟来说都是一种保护。

尼罗河鳄分布在撒哈拉沙漠以南，在热带非洲的河流、小河和泥沼里生活。夜间和白天最热的时候，这种大型爬行动物会待在水里。它们吃水生的无脊椎动物、鱼类、鸟类，有时也吃羚羊。捕猎的时候，鳄鱼在水中静止不动，只在水面上露出眼睛、鼻孔和耳朵，然后突然咬住猎物，把它拖入水中直到淹死。

① 反刍（chú），指某些动物（如牛和羊）在进食一段时间以后，将半消化的食物从胃里返回嘴里再次咀嚼。

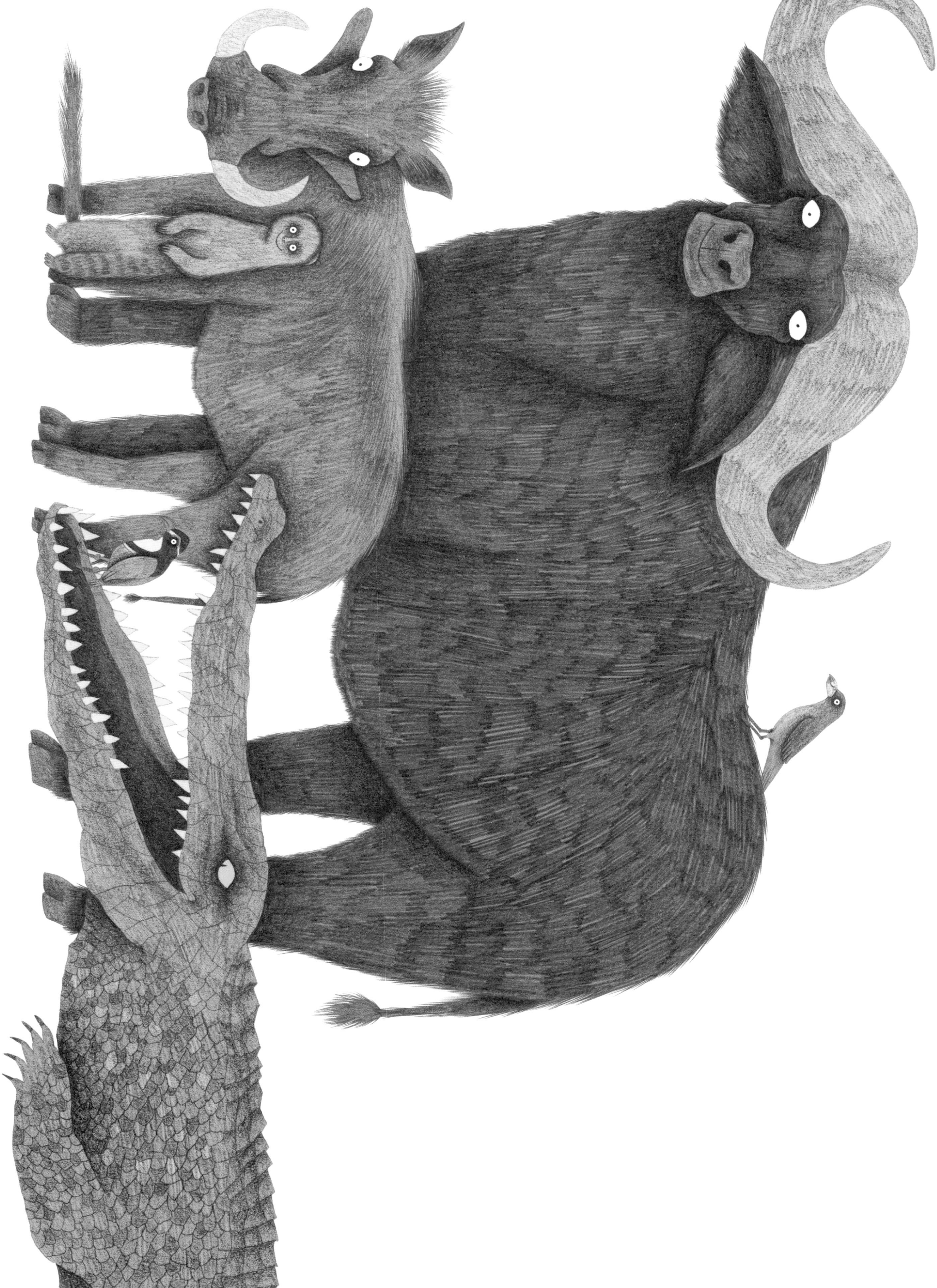

非洲跳鼠、考拉和鼠袋鼠不喝水也能生存。

非洲跳鼠在非洲、阿拉伯半岛和亚洲中部的沙漠中生活。这种啮齿动物长着长长的后腿，弹跳高度可达3米。非洲跳鼠只在夜间出来活动，这样它们才能在高温气候下生存。白天，它们待在距离地面1米深的巢穴里，那里的温度大约有11℃。

这种跳鼠能3年不喝一滴水，只从吃的植物里摄入水分。当天气炎热难耐时，非洲跳鼠会举家躲在洞里，睡上好几天甚至好几周。它们呼吸的时候会产生湿气，因此不会脱水。

考拉生活在澳大利亚。在澳洲的土著语中，“考拉”的意思是“不喝水”，因为这种小型哺乳动物不需要喝很多水——对它们来说，桉树叶中的水分就足够了。这种树叶也是它们唯一的食物。每到夜间，考拉会花好几个小时咀嚼桉树叶，就连它们的皮毛都散发出桉树叶的气味。它们在夜间活动，每天能睡16个小时。考拉和袋鼠一样，也是有袋类动物。雌性考拉的腹部有一个口袋，娇弱的新生幼崽就住在妈妈的育儿袋里。再长大一些后，考拉幼崽会攀在妈妈的背上生活1年。

鼠袋鼠和考拉、袋鼠一样，雌性的腹部长有一个口袋，是有袋类动物。和其他有袋类动物不同的是，鼠袋鼠在洞穴中成群生活。这种动物分布在澳大利亚的草原、旷野和森林里。鼠袋鼠夜间活动，以植物的根、种子和果实为食，也不需要喝水。

犀牛甲虫的力气是切叶蚁的170倍。

犀牛甲虫分布在除南极洲外的所有其他大陆，是体形最大的鞘翅目昆虫[①]，也是地球上最强壮的动物之一——它们能轻易举起相当于自己体重850倍重量的东西。如果按照同等比例换算，相当于一个人要举起约65吨的重量。

切叶蚁分布在美国南部和南美洲。人们给它起了“树叶裁剪工”和“蘑菇栽培工”的绰号，它们能举起相当于自己体重5倍重量的叶片。但是这种蚂蚁并不会直接吃树叶，而是把树叶切成小块后拖入蚁穴里，让叶子腐烂。叶子在腐烂的过程中会长出一种蘑菇，这种蘑菇就是切叶蚁的食物。

① 鞘翅目昆虫，又称作“甲虫”，全世界有30多万种。

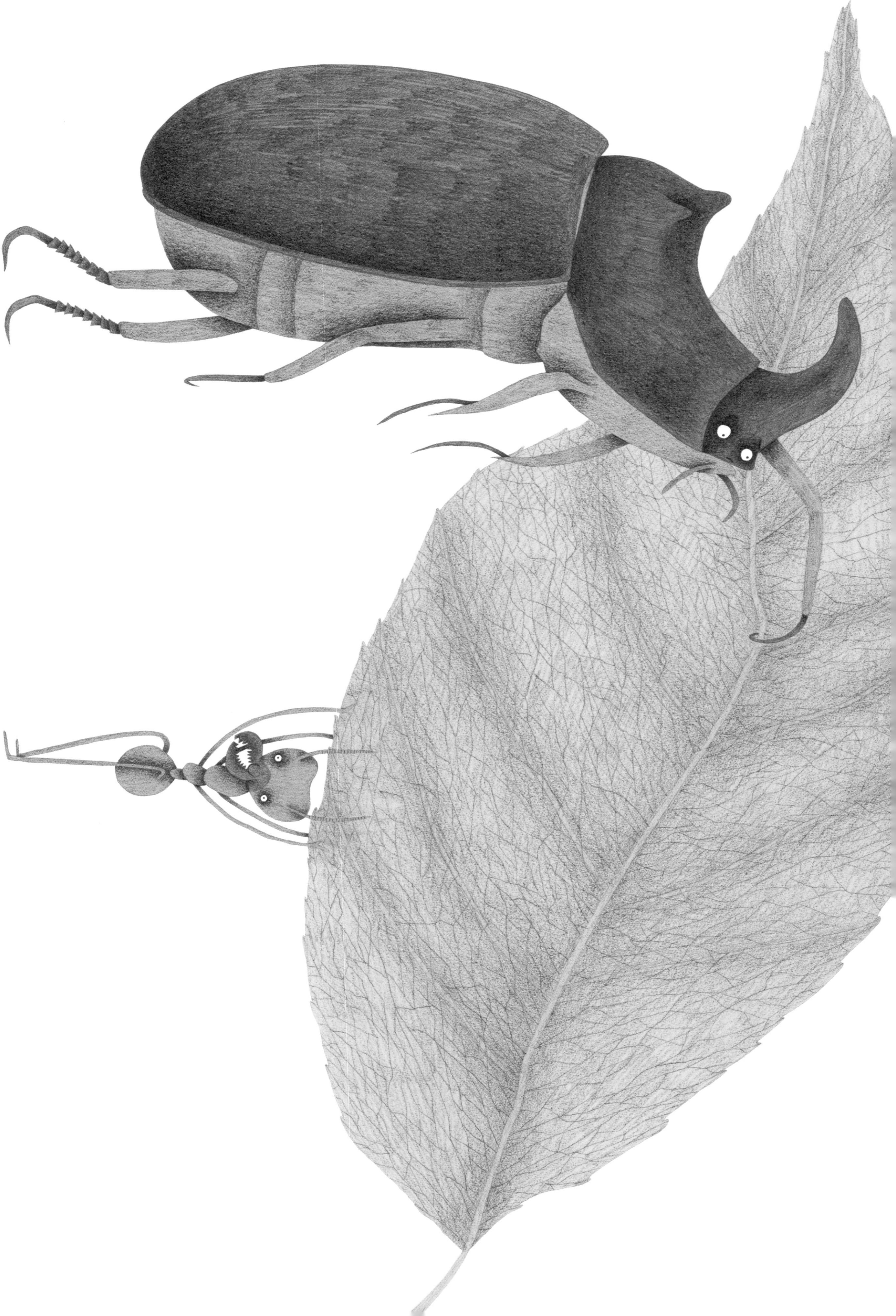

和自己的身长相比，脚趾最长的是美洲水雉。如果按照这种身体比例，非洲长尾黑颚猴的手指要长到27厘米（它们的身高约45厘米）！

美洲水雉（zhì）在法语里又叫作“耶稣基督鸟”，因为它们看起来像是能在水面上行走一样。实际上，是因为它们的脚趾特别大，所以能够在水里的水生植物上踏行，而不让自己沉入水中。这种鸟分布在湿润的热带地区，在墨西哥和中美洲特别多。美洲水雉捕食昆虫和无脊椎动物，还吃在水面上找到的种子。它们的鸟蛋和雏鸟有时会被其他水鸟掠食。

非洲长尾黑颚（è）**猴**是一种群居的灵长类动物，整个家族一起活动。每个族群的数量可达70多只。这种猴子在非洲南部的热带草原、广袤的森林和山间生活。无论是在地面上还是在树枝间，它们都行动自如，而且还是游泳好手。非洲长尾黑颚猴在白天活动，以果实、树叶和种子为食，有时也会以昆虫和禽蛋作为加餐。蛇类和老鹰是非洲长尾黑颚猴的猎手。

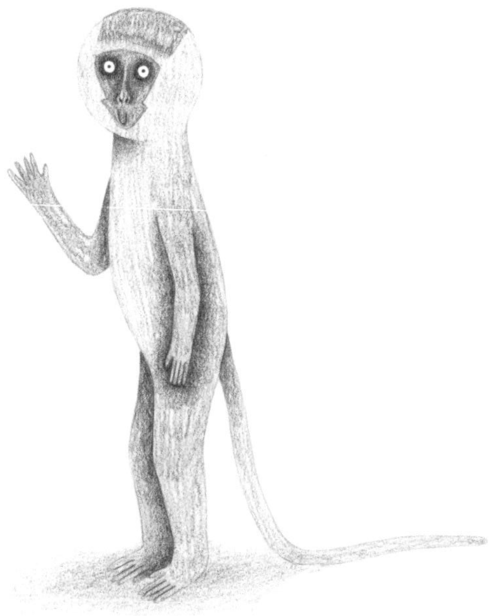